可愛造型便當

讓孩子每天吃光光的愛心料理

研出版

WING WING 著

目錄

PART ONE

添置
小工具及
材料

PART TWO

你要知道
的
基本技巧

PART THREE

來動手
做便當吧！

序

我一向喜歡烹飪，記得中學時期每逢聖誕聯歡會或學校旅行都愛做一些小點與同學分享。長大了，出來社會工作也經常與同事互相分享入廚心得。現在我已成為了家中的「煮」要人物，使家人吃得滿足已成為我每日的重要工作了，無論甜品、麵包甚至各國料理，我也喜歡鑽研，家中的烹飪筆記簿也漸漸堆積如山了。

當孩子升上小一後，他們也希望我能每日送膳，為了讓孩子有一個與別不同的午餐，便開始學做卡通便當，後來更有機會到學校擔任便當班導師，與家長分享做便當的心得。看着孩子們拿著爸爸、媽媽親手做的便當，那刻實在頗為感動的。

最後，非常感謝研出版的欣賞，邀請我寫造型便當食譜，可以將這份不一樣的便當與讀者分享。

WING WING

添置
小工具及
材料

工欲善其事，必先利其器，有好
的工具及材料才能助你更快捷
做出可愛又美味的便當。

基本小工具

❋ 便當盒

選用合適大小的便當盒,很重要!盒子太大而又放不滿的話,食材會容易移位,影響美觀性。

❋ 小刀、造型刀、砧板

利用這些工具,可以為食材弄出造型,例如把香腸、火腿等弄成不同形狀。最好有一套工具,專門用來製作便當,以確保衛生。

❋ 剪刀

不要選擇太大把的,最好是尖頭,能更容易剪出想要的圖案。

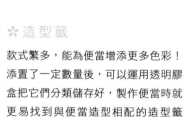

✽ 盛菜杯

材質有即棄的，也有塑膠的，兩者均可，用作盛載一些較鬆散或有醬汁的配菜。

✽ 造型籤

款式繁多，能為便當增添更多色彩！添置了一定數量後，可以運用透明膠盒把它們分類儲存好，製作便當時就更易找到與便當造型相配的造型籤了。

✽ 牙籤

它能用在芝士片上劃出所需的圖案，也可以當作是一個黏著器。把牙籤末端沾幾下飯糰，使其有黏性，然後便可黏上紫菜，貼在便當的適當位置。即使是微小的紫菜，也能輕鬆及準確地貼在飯糰上。

✽ 隔菜膠葉

可以隔開不同種類的配菜，亦有裝飾用途。

基本小工具（２）

✻ 鉗子

可以用來夾起一些體積稍為大的食材。

✻ 耐熱保鮮紙

這是造型便當不能缺少的工具，可使飯糰避免長時間暴露於空氣中，影響衛生及變乾，而且可以讓我們不沾手地造出想要的飯糰形狀。

✻ 各款印模

可以印出較工整的指定圖案。

✻ 不同粗幼的飲管及圓模

飲管是家中常備的物件，只要將飲管剪一段出來，便可在一些較軟的食材上（例如火腿、芝士片....）印出圓形圖案。

✻ 食品包裝油紙

可作裝飾之用，亦可用作分隔食物。

常 用 材 料

✳ 壽司紫菜

每次剪出所需的份量使用，剩餘的用
密封袋放好冷藏保存，便可以避免紫
菜變軟。

✳ 沙律醬

這是是很好用的「食用膠水」！有些
食材表面沒有黏力（例如香腸），抹
上少許沙律醬，便能輕易把紫菜貼實
於飯糰上。

✳ 各類芝士片

做便當時要使用的芝士片用量通常都
很少，使用時，可連同包裝膠紙剪出
所需要的份量，剩餘的用保鮮紙密封
好冷藏保存，最好在數天內使用完畢。

✳ 意粉定位籤

小朋友用牙籤容易發生危險，使用意粉
籤便確保安全。將意粉折斷一半，放
入焗爐以 120 度焗 10－12 分鐘至啡色，
放涼後用密實袋冷藏保存。意粉保質期
很長，可以多焗一些。由於經過烤焗
會較易折斷，可多使用幾段來定位。

PART TWO

你要知道
的
基本技巧

想要做出精緻的便當，了解技巧
之後便要多加練習，一雙巧手就
是這樣練成的。

製作色彩繽紛的顏色飯糰

白色

壽司醋 + 白飯

使用約 1 茶匙壽司醋與熱飯拌勻。壽司醋會因為熱飯的水氣而蒸發，不會使白飯過酸。

啡色

甜豉油 + 白飯

使用約 2 茶匙甜豉油與熱飯拌勻便可。太多甜豉油會令飯糰過咸及過份濕潤，如想顏色深一點，可以加一點老抽。

黑色

壽司紫菜 + 白飯

只要將飯糰放在尺寸合適的壽司紫菜上，在旁邊突出的紫菜上剪幾下，向內貼實，然後用保鮮紙再次包裹即可。紫菜吸收到飯的水分後，便會與飯糰黏實，更為貼服。

粉紅色

紅菜頭汁 + 白飯

將適量紅菜頭切薄片後蒸腍，然後壓蓉，放入篩內隔出汁液使用。每次用大約 1/4 茶匙便足夠，與 150 克的熱飯拌勻即可。當然，可以視乎想要的深淺色而作出調整。剩餘的紅菜頭汁可以放冰箱，冷凍成小冰粒，方便日後使用。

灰色
竹炭粉 + 白飯

將少許竹炭粉直接與熱飯拌勻便可。只需很少量的竹炭粉便已足夠。竹炭粉在烘焙店有售。

黃色
熟蛋黃碎 + 白飯

使用半隻蛋黃與熱飯拌勻即可,建議使用蛋黃較深色的雞蛋(例如湖北蛋)。另需注意若蛋黃份量過多,會使飯糰變乾。

橙色
甘筍碎 + 白飯

甘筍碎蒸熟後弄碎,用約 2-3 茶匙與熱飯拌勻便可。

小 貼 士

① 使用珍珠米做飯糰
做飯糰需使用珍珠米煮成的白飯,因珍珠米飯除了比較軟糯、口感較佳外,也比較不易鬆散,更適合做成不同造型。

② 飯熱時加入顏色食材
所有顏色食材(包括壽司醋)都必須趁飯熱時加入拌勻。熱飯可以吸收到顏色食材的水分,這樣才能夠上色之餘,又能保持飯的黏性而不會鬆散,在之後的造型過程便會更順暢。

③ 多於一種顏色飯糰的便當
若便當需要用到兩種顏色的飯糰,可將飯煮好後趁熱分成兩份,再拌入所需的顏色食材便可。

常用技巧

❶ 用保鮮紙令飯糰結實不鬆散

在做所有造型前，都必須將暖飯用耐熱保鮮紙包裹著，扭緊保鮮紙的封口，然後往後拉，形成一個結實而不鬆散的球狀，再進行造型。

❷ 令包裹飯糰的紫菜更為貼服

某些造型需要有黑色的部分，用紫菜來做就最好不過了。將飯糰放在大小合適的紫菜上，在突出的部份剪數下，把紫菜向內貼實，然後用保鮮紙再次包裹著飯糰並扭緊便可。此動作能使紫菜吸收到飯的水分，更為貼服地黏在飯糰上。

❸ 更輕易在紫菜上剪出表情、圖案

想要更輕易剪出一些眼睛、嘴巴等的線條圖案,又想剪得
精準漂亮,可先剪掉一個所需的形狀後,再沿著那個已被
剪掉的形狀的邊緣,剪出需要的線條圖案紫菜便可。

❹ 自行調整飯量

食譜內的飯量均設定為 150 克(約大半碗),可根據孩子
的食量作出調整。

作りましょう~

❺ 避免飯糰變乾

避免把飯糰長時間暴露於空氣中,會影響衛生及容易變乾。
在飯糰造型後,可暫不拆開保鮮紙或放入便當盒內密封,
才進行其他步驟。

❻ 選擇少醬汁的配菜

配菜可以自由配搭的,但建議不要有太多醬汁。

PART THREE

來動手做
便當吧！

試想想，孩子每天都能吃着自
己親手做的便當，帶給他們無
限的歡欣，是多麼美好的事。

どうぶつえん
動物園篇

一打開飯盒便見到
小狗、企鵝、白熊三個可愛飯糰，
女兒看到不但興奮，
還惹來同學的圍觀。

今日去動物園，
準備了熊貓、企鵝、海獅造型的腐皮壽司，
果然是寓學習於食慾呢！

因為準備材料煲涼茶，
為了趕得及午飯時帶給女兒喝；
匆忙之下就做了簡單又可愛的熊貓便當。

香腸不只有八爪魚造型，
今次就用來做愛心和向日葵的花芯，
還有可愛的小棕熊，
整個便當都充滿朝氣了。

樹熊妹妹抱著樹熊媽媽，
樹熊媽媽抱著大樹（豆角），
天下子女都要疼愛父母丫！

總是吃白飯，
就來一個獅子王菜飯，
獅子的臉是漢堡扒，
可愛、健康，又不失霸氣。

買了可愛的熊貓飯盒，
當然要做一個熊貓便當，
剛好湊成一套了。

獅子王

材料

白色珍珠米飯	150 克
紫菜	1 小片
甘筍（已熟）	1 小片
肉鬆	適量

做法

將白飯放入圓形便當盒內,用小匙壓平。

紫菜用小剪刀剪出眼睛、鼻及鬚。

在甘筍片上剪出一雙耳朵及鼻。

放上適量的肉鬆在飯的邊緣。

放上甘筍耳及鼻,然後把牙籤末端沾幾下飯糰以增加黏力,用牙籤黏上紫菜,然後貼在適當位置。

最後再放上蔬菜及配料便完成。

TIPS | 可以用車打芝士代替甘筍做出耳朵及鼻子,顏色也是非常相襯的!

棕 熊

材 料

啡色珍珠米飯	150 克
頭	130 克
耳朵	各 10 克
紫菜	1 小片
車打芝士片	1 小片
火腿	1 小片

做 法

啡色米飯依頭和耳朵的份量分成三份，各用保鮮紙包裹著，把保鮮紙往後拉，使飯糰結實不鬆散，形成球狀。

把頭部飯糰捏成近似三角形狀，並稍為壓扁。

把兩份耳朵飯糰捏成球狀。

用小剪刀把紫菜剪出眼睛及鼻子。

車打芝士片拆開膠紙後，用圓模印壓出兩個圓形後切半。

用牙籤在另一塊車打芝士片上勾畫出一個橢圓形。

用飲管在火腿上印壓出兩個圓形，作為面珠。

準備好後，便拆開各飯糰的保鮮紙，放在便當盒裏，再把橢圓形芝士放在臉的下方；兩片半圓芝士放於耳朵上；牙籤末端沾幾下飯糰以增加黏力，黏上紫菜，貼在適當位置。最後放上蔬菜及配料。

TIPS | 把兩隻眼睛剪成不同形態，會顯得更為生動啊！

淘氣斑馬

材料

白色珍珠米飯	150 克
⎰ 耳朵	各 3 克
頭	134 克
雙手	各 5 克
紫菜	1 片
蟹柳（只要紅色部分）	少許
火腿	1 小片

做 法

白色米飯依各部位的份量分成
5份，各自用保鮮紙包裹著，
把保鮮紙往後拉，使飯糰結實
不會鬆散，形成球狀。

把各部位的飯糰捏成以下形
狀。耳朵：三角形。頭部：底
部稍平的橢圓形狀。雙手：稍
長的蠶蛋狀。

取一片紫菜，在上端剪成弧形
後包在飯糰下方，再包回保鮮
紙並扭實備用。

把飯糰的下半部分以紫菜包
裹，然後再以保鮮紙包裹，扭
實備用。

用小剪刀把紫菜剪出斑馬頭上
的花紋及眼睛。

用飲管在火腿上印壓出兩個小
圓形。

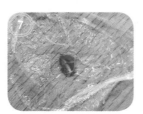

在蟹柳上剪出舌頭形狀。

所有部分準備好，後便可以拆
開頭部飯糰的保鮮紙，然後放
在便當盒裏，再把牙籤末端沾
幾下飯糰以增加黏力，黏上紫
菜。

放些配菜在斑馬下方的空位，
然後把雙手及耳朵放上，最後
放上蔬菜及配料便完成。

TIPS | 斑馬下方先放配菜後才把手放上，便能避免移位，而且整體感覺會更為生動！

大熊貓

材料

白色珍珠米飯	150 克
頭	70 克
身	50 克
雙手、雙腳及耳朵	各 5 克
紫菜	數小片
蟹柳（只要紅色部分）	少許

做 法

白色飯分成 8 份，分別用保鮮紙包裹著並把保鮮紙往後拉使飯糰結實不會鬆散，形成一個球狀。

把各部分的飯糰捏成以下形狀：耳朵：圓波狀。頭部：稍長的橢圓形。身體：蛋形。雙手：蠶蛋狀。雙腳：稍長的蠶蛋狀。

耳朵、雙手及雙腳飯團用紫菜分別包裹著。

用小剪刀把紫菜剪出臉部表情。

蟹柳用飲管印壓出兩個小圓形。

所有部分準備好後，便可以拆開各飯糰的保鮮紙，放在便當盒裏，把牙籤末端沾幾下飯糰以增加黏力，黏上紫菜，然後貼在適當位置。放上蔬菜及配料，最後放上耳朵便完成。

TIPS | 不做熊貓全身，換成兩個熊貓頭也同樣可愛。

小綿羊

材料

白色珍珠米飯	150 克
紫菜	1 小片
火腿	1 小片
蟹柳（只要紅色部分）	少許

做 法

用保鮮紙包裹著 125 克的白飯，並把保鮮紙往後拉使飯團結實不會鬆散，形成一個球狀。

把飯團捏成橢圓形。

剩餘的 25 克白飯置於碗內，用保鮮紙蓋面防乾。

用小剪刀在紫菜上剪出眼睛及鼻。

在火腿上剪出耳朵。

用飲管在蟹柳上印壓出兩個小圓形。

所有部分準備好後，便可以拆開飯糰的保鮮紙並放在便當盒內，然後剩餘的 25 克飯逐少放上。

把牙籤末端沾幾下飯糰以增加黏力，黏上紫菜，貼在適當位置。然後，放上耳朵及臉珠。最後放上蔬菜及配料便完成。

TIPS | 將 25 克飯弄散一點才放於飯糰上，更能做出羊毛蓬鬆的效果。

南極小企鵝

材料

白色珍珠米飯	150 克
紫菜	1 片
甘筍（已熟）	1 小片
茄醬	少許

做 法

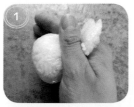

白色米飯平均分成兩份，分別用保鮮紙包裹著並把保鮮紙往後拉使飯糰結實不會鬆散，形成一個球狀。

把飯團捏成橢圓形。

用小剪刀在紫菜上剪成兩段大約 16 - 17 厘米的長粗條。

用小剪刀在紫菜上剪出頭頂的三角形、眼睛及雙手。

在甘筍上剪出兩個半圓形，作為嘴巴。

拆開飯團的保鮮紙，並將紫菜粗條圍繞飯團貼上（下方留少許空位），放在便當盒內。

牙籤末端沾幾下飯糰以增加黏力，黏上紫菜，貼在適當位置及放上嘴巴。

用筷子沾少許茄醬作為腮紅。最後再放上配菜便完成。

TIPS | 用茄醬作為腮紅，顯得更為自然。

調皮老虎仔

材料

材料	份量
黃色珍珠米飯	150 克
頭	130 克
耳朵及雙手	各 5 克
紫菜	1 小片
水牛芝士片	1 小片

做法

黃色米飯用保鮮紙包裹著，並
把保鮮紙往後拉使飯團結實不
會鬆散，形成一個球狀。

把飯團捏成圓形，作為頭部。

把作為耳朵的各 5 克黃色米飯
捏成兩個圓球，然後稍為壓扁。

把作為雙手的各 5 克黃色米飯
捏成兩個小橢圓形。

用小剪刀在紫菜上剪出眼睛、
鼻子及臉部花紋。

在水牛芝士片上用飲管印壓出
兩個小圓形。

所有部分準備好後，便可以拆
開頭部飯團的保鮮紙，放在便
當盒裏。牙籤末端沾幾下飯團
以增加黏力，貼上紫菜；將芝
士眼珠放在眼睛上。

用牙籤沾少許芝士，放在眼珠
旁。

放些配菜在老虎下方的空位，
然後放雙手及耳朵。在紫菜上
剪 4 條幼線貼在雙手。最後放
上蔬菜及配料便完成。

TIPS | 把耳朵稍為垂直一點放在飯團上，便可增加立體感了。

樹熊寶寶

材料

灰色珍珠米飯	150 克
⟩ 頭部	各 69 克 ⟨
⟩ 耳朵	各 3 克 ⟨
紫菜	1 小片

做法

灰色米飯分成 6 份，分別用保鮮紙包裹著，並把保鮮紙往後拉使飯糰結實不會鬆散，形成球狀。

把頭部飯團捏成近似三角形狀。

把耳朵飯團捏成 4 個半圓形。

用小剪刀在紫菜上剪出眼睛、鼻子及嘴巴。

所有部分準備好後，便可以拆開頭部飯團的保鮮紙，把頭部放在便當盒內。牙籤末端沾幾下飯糰以增加黏力，黏上紫菜，然後貼在適當位置。

放上配菜後，將耳朵放在適當位置便完成。

TIPS | 只要插上造型籤，便能輕易變身成男和女樹熊寶寶了！

寵物篇

ペット

有天女兒下課後跟我說青瓜和檸檬都很好吃，
於是做了個涼伴青瓜，
和小兔、小狗放在一起，
醒神又開胃。

女兒最愛水汪汪的大眼睛，
小白鼠妹妹就這樣誕生。

愛吃的貓咪找到了美味的魚，
然後女兒就把便當吃光光了。

時間不夠的時候，
最適合做貓咪飯糰，
簡單快捷。
一黑一白，
女兒吃得最開心。

小獵犬

材料

白色珍珠米飯	150 克
頭	100 克
耳	各 15 克
雙腳	各 10 克
紫菜	1 小片
火腿	1 小片
甜豉油	少許
意粉定位籤	1 小段

做法

①
米飯分成5份，分別用保鮮紙包裹，把保鮮紙往後拉使飯糰結實不鬆散，形成球狀。

②
把頭部捏成橢圓形。

③
把耳朵飯糰分別捏出長扁狀及圓柱狀。

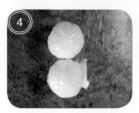

④
把雙腳飯糰捏成兩個圓球狀。

⑤
所有部分完成造形後先不要拆開保鮮紙，放在一旁備用。

⑥
用小剪刀在紫菜上剪出眼睛及鼻。

⑦
用小剪刀在紫菜上剪出剪出腳板。

⑧
用粗飲管輕捏成橢圓形並握著，然後在火腿上印壓出兩個小橢圓形。

⑨
所有部分準備好後，便可以拆開各飯團的保鮮紙，把頭的一部分及其中一隻耳朵塗上適量甜豉油，然後放在便當盒裏。

⑩
把牙籤末端沾幾下飯糰以增加黏力，黏上紫菜，貼在適當位置。

⑪
把火腿放於臉兩旁並用意粉籤插入，固定位置，最後再放上蔬菜及配料便完成。

TIPS｜將紫菜對摺後才剪出眼睛，這樣便不會出現大小不同的眼睛了。

鬆獅犬

材 料

白色珍珠米飯	150 克
紫菜	1 小片
車打芝士片	1 小片
水牛芝士片	1 小片
肉鬆	適量
沙律醬	少許
火腿	1 小片

做法

150克的米飯用保鮮紙包裹著，並把保鮮紙往後拉使飯糰結實不會鬆散，形成一個球狀。

把頭部捏成橢圓形後，沾上肉鬆放入便當盒內，蓋上蓋子防乾燥。

用小剪刀在紫菜上剪出皺紋、眼睛、鼻及小黑點。

打開車打芝士片的膠紙，用牙籤勾畫出兩片三角形作為耳朵，放在頭部上端的兩旁。

打開水牛芝士片的膠紙，用牙籤勾畫出鼻頭，貼在頭部中央靠下方位置。

把牙籤末端沾幾下飯糰以增加黏力，黏上紫菜皺紋及眼睛，然後沾少許沙律醬，貼在頭部適當位置，接著把紫菜鼻及小黑點也一同貼上。

火腿片上剪出舌頭形狀，在中央位置貼上一條紫菜幼條，放於鼻下。最後再放上蔬菜及配料便完成。

TIPS | 由於頭部沾滿肉鬆，已沒有黏力把紫菜貼實，所以要沾上少許沙律醬幫助貼上。
| 肉鬆可以預先剪碎一點，會更易黏在飯糰上。

史立莎

材 料

竹碳珍珠米飯	140 克
頭	130 克
耳	各 5 克
白色珍珠米飯	10 克
紫菜	1 小片
水牛芝士片	1 小片

做 法

竹碳米飯分成 3 份，分別用保鮮紙包裹著，把保鮮紙往後拉，使飯糰結實不會鬆散，形成球狀。

把頭部飯糰捏成上窄下闊的蛋形狀，然後稍為壓扁。

把耳朵飯糰分別捏出扁扁的三角形。所有部分完成造型後，先不要拆開保鮮紙，放在一旁備用。

用小剪刀在紫菜上剪出眼睛及鼻。

拆開水牛芝士片的膠紙後，用牙籤勾畫出兩道眉毛。

所有部分準備好後，拆開各飯糰的保鮮紙，放在便當盒裏。

用小匙將 10 克的白飯逐少放在小狗頭部的下方。

貼上眉毛，然後把牙籤末端沾幾下飯糰以增加黏力，黏上紫菜，然後貼在適當位置。最後再放上蔬菜及配料便完成。

TIPS | 如想史立莎看上去更有神，可以取少許芝士放在紫菜眼睛上呢！

寵物篇 ペット 大耳倉鼠

材 料

啡色珍珠米飯	140 克
白色珍珠米飯	10 克
紫菜	1 小片
火腿	1 小片
香腸	2 片
意粉定位籤	2 小段

做法

1. 140 克的啡色米飯用保鮮紙包裹著，把保鮮紙往後拉使飯團結實不會鬆散，形成一個球狀。

2. 把飯團捏成橢圓形。

3. 10 克的白飯捏成小圓球後壓扁。

4. 將白色扁飯糰放在啡色飯團的下方。

5. 再次包上保鮮紙並扭緊，使兩色飯糰能更牢固地黏在一起。

6. 用小剪刀在紫菜上剪出眉毛、眼睛、鼻子、鬚及雙腳。

7. 火腿片用幼飲管印壓出兩個小圓形。

8. 將飯團放入便當盒內，牙籤末端沾幾下飯糰以增加黏力，黏上紫菜貼於適當位置及放上火腿面珠。

9. 先把意粉籤插進香腸片內，然後插入飯糰定位，最後再放上蔬菜及配料便完成。

TIPS｜做步驟 3 時須要把白色飯團（尤其是邊緣位置）壓扁一點，這樣才能使它更自然地黏在啡色飯糰上。

ベット
寵物篇

胖胖貓

材料

啡色珍珠米飯	150 克
頭	140 克
手	10 克
紫菜	1 小片
車打芝士片	1 小片
水牛芝士片	1 小片
火腿	1 小片

做法

啡色米飯用保鮮紙包裹著，把保鮮紙往後拉使飯團結實不會鬆散，形成一個球狀。

把飯團捏成圓形，作為頭部。

把 10 克飯團捏成球狀，作為手。

用小剪刀在紫菜上剪出頭上的花紋、耳朵、眼睛、鼻、鬚及腳板。

拆開水牛芝士片膠紙後，用粗飲管印壓出兩個圓形。

將耳朵放在車打芝士片上，用牙籤勾畫相同但稍大的形狀。

在火腿上剪出舌頭的形狀。

所有部件準備好後，便可以拆開各飯團的保鮮紙，放在便當盒裏。

把牙籤末端沾幾下飯團以增加黏力，黏上紫菜，貼在適當位置，再沾少許芝士放在眼睛內作為眼珠。最後放上蔬菜及配料。

TIPS | 耳朵做小一點，貓貓的臉就會顯得肥胖可愛了。

黑白小貓

材 料

白色珍珠米飯	150 克
紫菜（大，約 11 x 11 厘米）	1 片
紫菜（小）	1 片
水牛芝士片	1 小片
車打芝士片	1 小片
香腸	2 小片
意粉定位籤	數小段

做法

珍珠米飯平均分成兩份，分別用保鮮紙包裹著，把保鮮紙往後拉使飯糰結實不會鬆散，再捏成橢圓形。

取一張約 11 x 11 厘米的紫菜，將其中一份飯糰放於中央，然後在周圍剪幾下，方便包裹。

把紫菜向內貼實。

用保鮮紙將紫菜飯糰再次包裹著並扭緊，使紫菜能吸收到水分，變得更為貼服，此為黑貓的頭部。

用小剪刀在紫菜上剪出小黑貓的圓眼睛。

水牛芝士片拆開膠紙後，用圓模印出兩個圓形。

用牙籤在水牛芝士片上勾畫出兩個三角形，作為耳朵。

用牙籤在車芝士片上勾畫出一個很小的橢圓形，作為嘴巴。

把小黑貓飯糰放入便當盒內，在臉上貼上小圓芝士片及眼睛、插入意粉籤作為貓鬚。

用小剪刀在紫菜上剪出小白貓的眼睛、鼻及貓鬚。

用造型刀把兩片香腸割出兩片三角形，作為白貓的耳朵。

拆開白貓飯糰的保鮮紙，然後放在便當盒內。牙籤末端沾幾下飯糰以增加黏力，黏上紫菜並貼在白貓的適當位置。

放入配菜後，把小黑貓的芝士耳朵放上；取一小段意粉籤插進香腸片並插進小白貓的頭部，完成！

TIPS｜由於小黑貓的耳朵較小，先放入配菜才放上耳朵，有助定位。

女兒喜歡吃紫菜包飯，
於是用了表情趣怪的串燒三兄妹。
加上造型牙籤，
串燒妹妹就更可愛。

玩具車

材 料

白色珍珠米飯	150 克
紫菜	1 小片
小香腸	1 條

做 法

白飯用保鮮紙包裹著，把保鮮紙往後拉使飯糰結實不會鬆散，形成一個球狀。

捏成近似「凸」的形狀。

用小剪刀在紫菜上剪出車窗及車軌。

將車形飯糰放於便當盒內，切大約 1/3 的香腸，用意粉籤將它插在車頂位置。

剩餘的香腸切成兩片，放在飯糰下方，把牙籤末端沾幾下飯糰以增加黏力，黏上紫菜後貼在適當位置。最後放上蔬菜及配料便完成。

TIPS | 將飯糰換成長方形，再多加車門及窗口便可變成一架巴士了！

反斗機械人

男孩篇
おとこのこ

材料

黃色珍珠米飯	150 克
紫菜	1 小片
波波香腸	1 條
甘筍	1 小片
水牛芝士片	1 小片
意粉籤	數小段

做法

黃色珍珠米飯用保鮮紙包裹著，把保鮮紙往後拉使飯糰結實不會鬆散，形成一個球狀。

將飯糰放於便當盒內，利用盒的邊緣輔助做成正方形。

用小剪刀在紫菜上剪出眼睛、鼻子及嘴巴。

甘筍用圓模印壓出兩個圓形；在水牛芝士片印壓出比甘筍稍為小的圓形。

波波香腸切半後將其中一份再橫切半，共切成3份。

將方形飯糰放於便當盒內，將1/4大小的波波腸用意粉籤插入飯糰內。

將甘筍眼睛放上，把牙籤末端沾幾下飯糰以增加黏力，黏上紫菜，貼在適當位置。

將1/2大小的波波腸用意粉籤插入飯糰頂部，留意不要插入整支意粉籤，剩少許露出作為天線。最後放上蔬菜及配料。

TIPS | 可以多插入幾段意粉籤進飯糰，使波波腸不易鬆脫。

おんなのこ
女孩篇

以往的便當大多是動物造型，
所以女兒想要小紅帽款式，
加多點西蘭花就更有森林的感覺了！

女兒要參加游泳比賽，
來一個晴天娃娃便當，
希望比賽那天有好天氣，
女兒吃了便當也好好補充體力。

玩具小熊

材料

粉紅色珍珠米飯	150 克	火腿	1 小片
頭	70 克	意粉定位籤	1 小段
身	50 克		
雙手	各 5 克		
雙腳	各 4 克		
耳朵	各 6 克		
紫菜	1 小片		

做 法

粉紅色飯分成 8 份，分別用保鮮紙包裹著，把保鮮紙往後拉使飯糰結實不會鬆散，形成球狀。

把各部分的飯糰捏成以下形狀。耳朵：圓波狀。頭部：橢圓形。身體：長方形。雙手：長粗條。雙腳：橢圓形。

用小剪刀在紫菜上剪出眼睛、鼻及縫線。

用小剪刀將火腿上剪成一個長方形及一條粗條。

將粗條火腿捲著長方形火腿，然後用意粉籤插入定位。

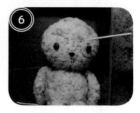

所有部件準備好後，便可以拆開各飯糰的保鮮紙放在便當盒（耳朵除外），牙籤末端沾幾下飯糰以增加黏力，黏上紫菜，然後貼在適當位置。放上蔬菜及配料，最後放上耳朵。

TIPS | 放好配菜後才放上耳朵，便不怕放配菜時令耳朵移位了。

おんなのこ 女孩篇 大頭妹子

材料

白色珍珠米飯	150 克	波波香腸	1 條
頭	106 克	意粉定位籤	數小段
手	各 7 克	圖案紙	1 小張
身	30 克		
紫菜（約 13 x 9 厘米）	1 片		
紫菜	1 小片		
蟹柳（只要紅色部分）	1 條		

做 法

珍珠米飯分成 4 份,頭及雙手分別用保鮮紙包裹著,把保鮮紙往後拉使飯糰結實不會鬆散。

頭部飯糰捏成圓形。

手部飯糰捏成鵪鶉蛋狀。

把 13 x 9 厘米的紫菜剪成頭髮形狀。

將頭部飯糰放於紫菜中央,在周圍剪幾下方便包裹。

把紫菜向內貼實。

用保鮮紙將紫菜飯糰包裹著並扭緊,使紫菜吸收到水分,更為貼服。

用小剪刀在紫菜上剪出臉部表情。

所有部分準備好後,拆開頭部飯糰的保鮮紙,將飯糰放在便當盒內,並將 30 克的飯呈梯形放於頭下。

把牙籤末端沾幾下飯糰以增加黏力,黏上紫菜,貼在適當位置。把蟹柳幼條放在頭髮上。

將圖案紙放在身體上,然後將手部飯糰放兩旁。

波波香腸斜刀切半後,用意粉籤從兩邊插入定位,使波波腸呈心形,然放在雙手中間。最後放上蔬菜及配料。

TIPS | 把紫菜剪成不同的髮型,便可變化出更多可愛樣子啦!

しゅくじつ
節日篇

正逢中秋節，
就做了中秋便當，
但女兒卻看不懂小熊在做甚麼。

有次朋友提供了萬聖節便當的造型，
但賣相太恐怖了，
女兒還是喜歡可愛的造型啊！

某天女兒說：
「媽媽，今年還沒吃過聖誕便當呢！」
好吧，
我便動手做了聖誕老公公便當。

復活節篇

三隻小雞

材料

黃色珍珠米飯	150 克
紫菜	1 小片
甘筍	1 小片
火腿	1 小片

做 法

黃色米飯平均分成 3 份，用保鮮紙包裹著，把保鮮紙往後拉使飯糰結實不會鬆散，形成球狀。

把飯糰分別捏成 3 個橢圓形。

用小剪刀在紫菜上剪出眼睛及腳掌。

在甘筍片上剪出 3 個近似「V」字的雞冠及 3 個菱形的嘴巴。

用小飲管在火腿上印壓出 6 個圓形面珠。

小雞所有部分準備好後，便可以拆開各飯糰的保鮮紙，把飯糰放在便當盒裏。把牙籤末端沾幾下飯糰以增加黏力，黏上紫菜，貼在適當位置並放上雞冠、嘴巴及面珠。最後再放上蔬菜及配料便完成。

TIPS | 把小雞的五官剪成不同形狀，會顯得更為生動可愛呢！

萬聖節
三隻小鬼

材料

白色珍珠米飯	100 克
橙色珍珠米飯	50 克
紫菜（約 10 × 10 厘米）	1 片
紫菜	1 小片
水牛芝士片	1 小片
蟹柳（只要白色部分）	1 條

做法

① 白色米飯平均分成兩份，與 50 克橙色米飯分別用保鮮紙包裹好，把保鮮紙往後拉使飯糰結實不會鬆散，形成球狀。

② 把 3 個飯糰分別捏成球狀、橢圓形及幽靈形狀。

③ 取一張約 10 x 10 厘米的紫菜，將橢圓形飯糰放於中央，然後在周圍剪幾下方便包裹。

④ 把紫菜向內貼實。

⑤ 用保鮮紙再次將紫菜飯糰包裹並扭緊，使紫菜吸收到水分後更為貼服。

⑥ 在紫菜上剪出各造型的表情。

⑦ 用粗飲管在芝士片上印出兩個圓形。

⑧ 所有部分準備好後，便可以拆開各飯糰的保鮮紙，放在便當盒裏。

⑨ 把牙籤末端沾幾下飯糰以增加黏力，黏上紫菜，放在飯糰上。

⑩ 蟹柳撕成幼條，隨意放於紫菜飯糰上便成木乃伊。最後放上蔬菜及配料便完成。

TIPS | 把飯糰放在不同顏色的矽膠杯中，會令便當更為色彩豐富！

萬聖節
南瓜遇上科學怪人

材料

白色珍珠米飯	100 克
橙色珍珠米飯	50 克
紫菜	1 小片
水牛芝士片	1 小片

做法

100 克白色飯及 50 克橙色飯分別用保鮮紙包裹著，把保鮮紙往後拉使飯糰結實不會鬆散，形成球狀。

把飯糰分別捏成球狀（南瓜）。及長方形（科學怪人）。

在紫菜上剪出科學怪人的頭髮及表情和南瓜的表情。

將科學怪人的眼睛放在芝士片上，用牙籤畫出稍大的圓形。

所有部分準備好後，便可以拆開各飯糰的保鮮紙，把飯糰放在便當盒裏。把牙籤末端沾幾下飯糰以增加黏力，黏上紫菜，把科學怪人的頭髮貼於飯糰上，最後放上蔬菜及配料。

TIPS｜把科學怪人的眼睛做成不對稱，效果會更為逼真！

復活節篇
賓尼兔與小雞

材料

白色珍珠米飯	150 克
雙耳	各 10 克
頭部	130 克
紫菜	1 小片
火腿	1 小片
車打芝士	1 小片
甘筍	1 小片

做法

① 賓尼兔做法：白色米飯分成 3 份，用保鮮紙包裹著並把保鮮紙往後拉，使飯糰結實不會鬆散，形成球狀。

② 把頭部飯糰捏成圓形，然後按壓一下兩旁，造成凹坑。

③ 把耳朵飯糰捏成彎彎的長扁狀。

④ 用小剪刀在紫菜上剪出眼睛、鼻子及嘴巴。

⑤ 用飲管在火腿上印壓出兩個圓形面珠，然後剪出比步驟 (3) 小的耳朵形狀。

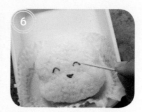

⑥ 賓尼兔所有部件準備好後，拆開頭部飯糰的保鮮紙放在便當盒裏，把牙籤末端沾幾下飯糰以增加黏力，黏上紫菜並貼在適當位置及放上面珠。

放上所有配菜後，便可將耳朵放於適當位置，放上火腿，用意粉籤定位。

小雞做法：用牙籤在車打芝士片上勾畫出一個小橢圓形。

用小剪刀在紫菜上剪出眼睛及雞冠。

在甘筍上剪出一個橢圓形，作為嘴巴。

將橢圓形芝士放在配菜上，然後將紫菜及甘筍貼於適當位置。

TIPS｜把小雞部分的紫菜剪成星星或其他圖案，取代表情紫菜和甘筍嘴巴，便可變成一隻復活蛋了！

聖誕節
雪人與小鹿

材料

白色珍珠米飯	150 克	水牛芝士片	1 小片
紫菜	1 小片	意粉籤	1 小段
蟹柳（只要紅色部分）	1 條	沙律醬	少許
小香腸	1 條		
波波香腸	1 條		
甘荀（先煮熟）	1 小片		
車打芝士片	1 小片		

做法

雪人做法：白色米飯分成 90 克和 60 克兩份，分別用保鮮紙包裹著並把保鮮紙往後拉，使飯糰結實不會鬆散，形成球狀。

把飯糰分別捏成兩個圓形。

在紫菜上剪出眼睛、嘴巴。在甘筍片上剪出一個長三角形。

把蟹柳剪成頸巾形狀。

在車打芝士片上印出兩個小圓形。

切出約 1.5 厘米長的小香腸；在甘筍片上印出一個比小香腸圓周稍大的圓形。

所有部分準備好後，便可以拆開各飯糰的保鮮紙，放在便當盒裏。牙籤末端沾幾下飯糰以增加黏力，黏上紫菜，放上甘筍鼻子、蟹柳頸巾及芝士鈕扣。

用意粉籤插入香腸及甘筍圓片後，再插入飯糰定位。放上配菜，然後蓋上蓋子，防止飯糰變乾。

波波腸小鹿做法：在紫菜上剪出眼睛、鼻子及鹿角；在甘筍片剪出一個橢圓形。

將紫菜鹿角放在水牛芝士片上，用牙籤沿著鹿角線條勾畫出稍大的鹿角形狀。

將波波香腸及芝士鹿角放於配菜上，波波腸表面抹上少許沙律醬，然後用牙籤把紫菜貼上便完成。

TIPS | 在步驟（8）放配菜時，記得預留少許空間放上小鹿。

聖誕老人與聖誕鹿

材料

啡色珍珠米飯	65 克	意粉籤	1 小段
白色珍珠米飯	85 克		
紫菜	1 小片		
蟹柳（只要紅色部分）	2 條		
小香腸	1/2 條		
甘筍（先煮熟）	1 小片		
茄醬	少許		

做 法

聖誕老人做法：拿 75 克的白色米飯，用保鮮紙包裹著，把保鮮紙往後拉使飯糰結實不會鬆散，形成一個球狀。

把飯糰捏成圓形。

剩餘的 10 克白色米飯置於碗內，用保鮮紙蓋面防止變乾。

把飯糰的保鮮紙拆開，較平整的一面向上，取兩片蟹柳放在上面，然後把飯糰向下（保鮮紙墊底）並拉實兩旁，做成聖誕帽。

把飯糰包實定型。

在紫菜上剪出眼睛、用粗飲管在甘筍片上印壓出一個圓形作為鼻子。

聖誕鹿做法：拿 65 克的啡色米飯，用保鮮紙包裹著，把保鮮紙往後拉，使飯糰結實不會鬆散，形成一個球狀。

把飯糰捏成葫蘆形狀。

用小剪刀在紫菜上剪出眼睛和嘴巴；在甘筍上剪出橢圓形作為鼻子。

把小香腸對半切成兩份，然後割成鹿角的形狀。

聖誕老人及聖誕鹿兩部份的細節完成後，將飯糰放入便當盒內。並將剩餘的 10 克白飯分散地放在聖誕老人的下方。

牙籤末端沾幾下飯糰以增加黏力，黏上紫菜貼於適當位置、放好甘筍鼻子。用筷子沾少許茄醬作為腮紅。

放上配料後，把意粉籤插入香腸鹿角內，然後向飯糰插入定位便完成。

TIPS | 步驟(4)中，蟹柳帽子的頂部應是尖尖的，所以不要將上方的保鮮紙向內拉貼。

謝謝款待

ご馳走様でした

作　者	WING WING
責任編輯	Sandy Tang
助理編輯	Tracy Man
文稿校對	Gloria Chan
書籍設計	Sophie Bean
攝　影	Lab852 design Ltd

出　版	研出版 In Publications Limited
市務推廣	Evelyn Tang
查　詢	info@in-pubs.com
傳　真	3568 6020
地　址	九龍油麻地彌敦道 460 號美景大廈 3 樓 B 室

香港發行	春華發行代理有限公司
地　址	九龍觀塘海濱道 171 號申新證券大廈 8 樓
電　話	2775 0388
傳　真	2690 3898
電　郵	admin@springsino.com.hk

台灣發行	永盈出版行銷有限公司
地　址	新北市新店區中正路 505 號 2 樓
電　話	886-2-2218-0701
傳　真	886-2-2218-0704

出版日期	2018 年 5 月 10 日
國際書號	978-988-78268-1-1

售　價	港幣 88 元 / 新台幣 390 元

可愛造型便當

讓孩子每天吃光光的愛心料理